U0193293

启航篇

米吴科学漫话

神秘的太空来客

这不科学啊　著

中信出版集团 | 北京

图书在版编目（CIP）数据

神秘的太空来客 / 这不科学啊著 . -- 北京：中信
出版社 , 2022.8
（米吴科学漫话 . 启航篇）
ISBN 978-7-5217-4407-1

Ⅰ . ①神… Ⅱ . ①这… Ⅲ . ①宇宙－青少年读物
Ⅳ . ① P159-49

中国版本图书馆 CIP 数据核字 (2022) 第 078084 号

神秘的太空来客
（米吴科学漫话 · 启航篇）
著者： 这不科学啊
出版发行：中信出版集团股份有限公司
（北京市朝阳区惠新东街甲 4 号富盛大厦 2 座　邮编　100029）
承印者： 北京尚唐印刷包装有限公司

开本：787mm×1092mm　1/16　　　印张：45　　　字数：565 千字
版次：2022 年 8 月第 1 版　　　　印次：2022 年 8 月第 1 次印刷
书号：ISBN 978–7–5217–4407–1
定价：228.00 元（全 6 册）

版权所有 · 侵权必究
如有印刷、装订问题，本公司负责调换。
服务热线：400–600–8099
投稿邮箱：author@citicpub.com

目录

人物介绍

米吴

头脑聪明，爱探索和思考的少年。

性情较为温和，生性懒散，喜欢睡觉。

获得科学之印后被激发了探索真理和研究科学的热情。

安可霏

喜欢浪漫幻想的女生。

经常与米吴争吵，但心地善良，内心戏丰富，是个科学小白，有乌鸦嘴属性。

喜欢画画，经常拿着一个画板。画得还不错，但风格抽象，别人难以欣赏。

胖尼狗

伴随科学之印出现的神秘机器人，平时藏在米吴的耳机中。

胖尼有查询资料、全息投影等能力，但要靠米吴的科学之印才能启动。

随着科学之印的填充，胖尼会不断获得新零件，最后拼成完整的身体。

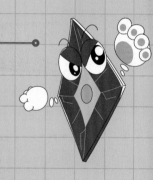

樱桃

航天科学家、科普作家，也是最年轻的女航天员之一，常年在空间站从事科学研究工作，通过网络向社会大众科普天文知识。

01 | 第一章
月球上的神秘陨石

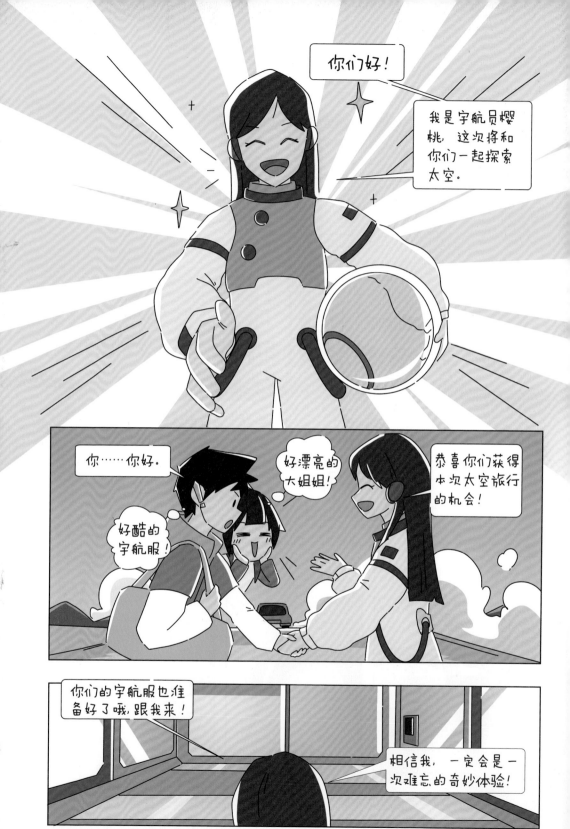

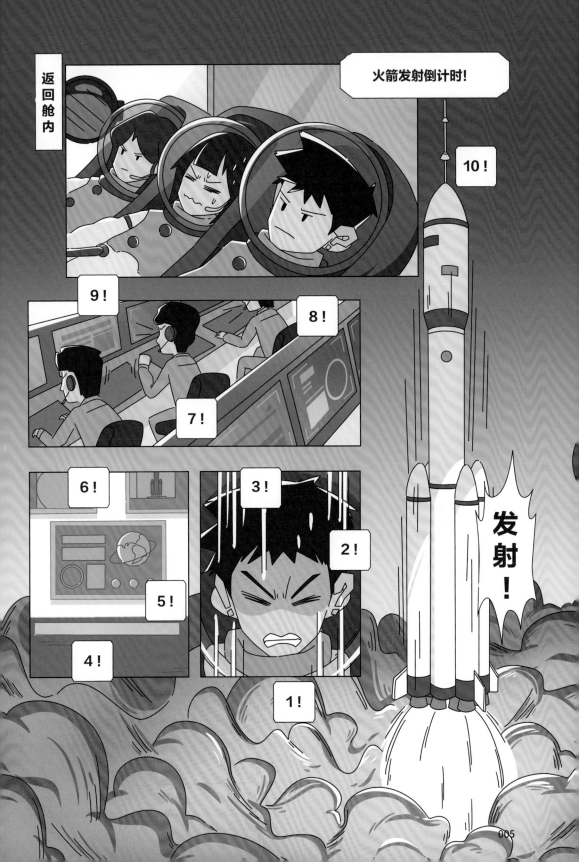

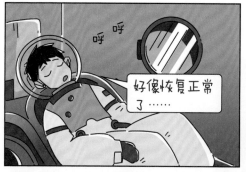

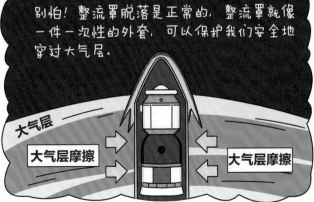

穿过大气层？这么说，我们已经离开地球了？

吓死我了，我以为要摔下去了……

火箭发射需要经过无数次精密计算，怎么会随随便便出事故呢？

二级发动机关机，船箭分离！

你们看，接下来火箭也要和我们的飞船说再见了。

那就不要它们了吗？

飞船带着它们飞不远吧？

没错，火箭里装着推进剂和发动机，它把飞船送到太空，就完成了它的使命。

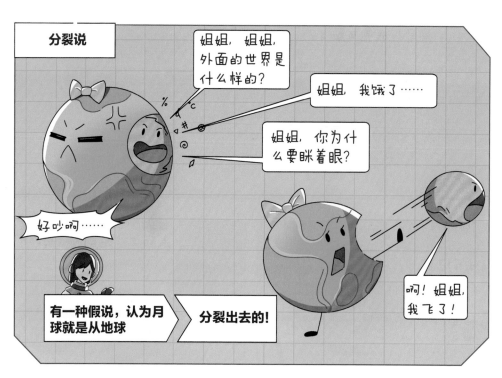

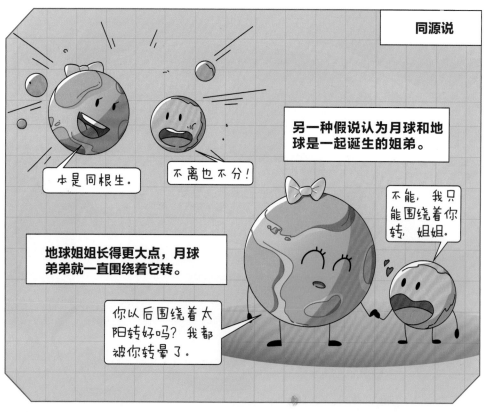

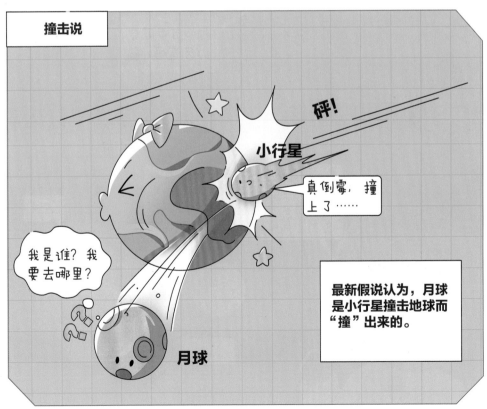

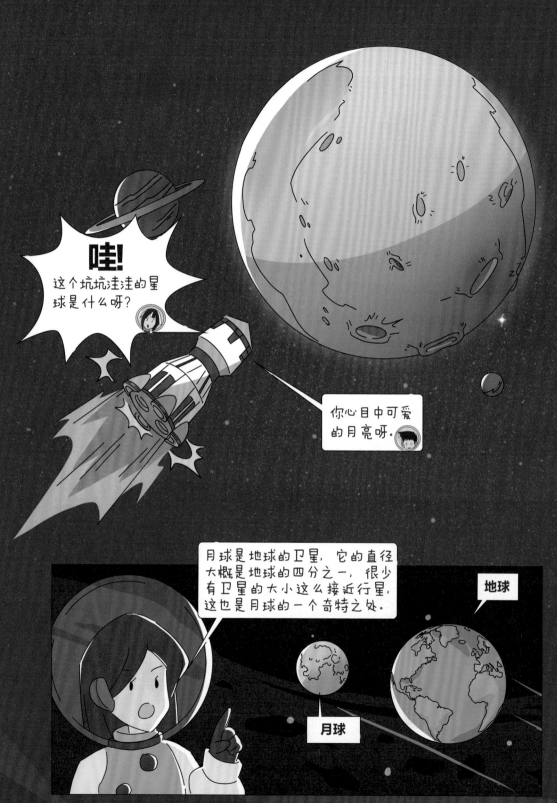

咦，地球比太阳大了不少呀？

应该是太阳离我们太远，所以显得小。

可从地球上看，月亮和太阳基本上是一样大的啊？

是的，这是因为它们的体积和距离恰好满足非常微妙的条件，才会有这个神奇的现象。

浩瀚宇宙

古代的学者因为对月亮的好奇和想象，发展出了天文学，乃至我们现在的科学。现在这个问题就交给我们继续去探索吧！

一段时间后

停住

到啦!

这是哪儿呀?

从一片荒芜走到了另一片荒芜?

这里是……"月之暗面"!

粤汁按面?好吃吗?

怎么吓不到这两个孩子?

你们不知道吗?月球总是用正面对着地球,它的背面在地球上是看不到的。

背面 正面

这叫潮汐锁定术!

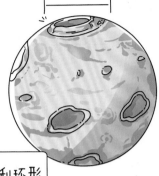

贝利环形山

最大的环形山叫贝利环形山，直径达 295 千米！

每一座环形山都是用天文学家或者其他学者的名字来命名的。

不好！这下玩儿大了！

万户

我们现在所在的万户环形山是纪念一位叫万户的明朝人，他靠 47 支火箭和两只风筝冲向天空，是人类实践航天梦想的第一人！

哇！等我成为星空画家，我也想要一座以我名字命名的山，它就叫安可霏环形山！

旁边那个小小的坑可以叫米吴坑。

你才是坑呢！

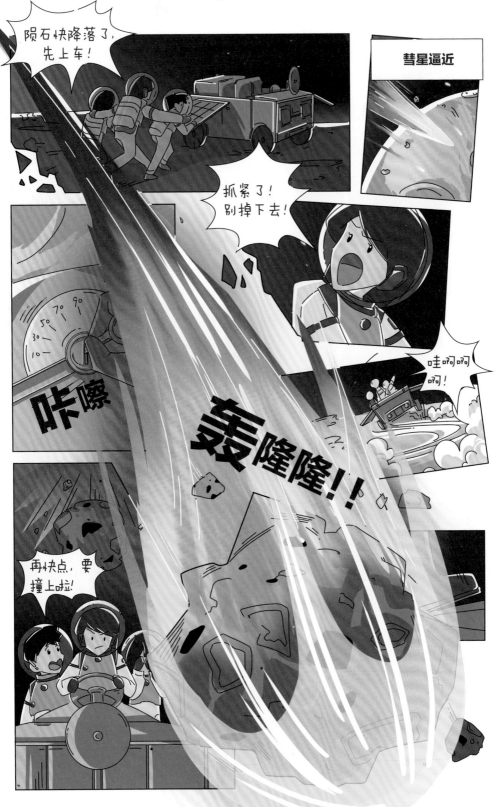

呜……手脚都在，看来没事。

这孩子！没事就好……

大难不死，必有后福！

嘿嘿~

咦，米吴呢？

月坑边上

哎哟，被炸飞了……

咦，这是刚被撞出来的坑？!

有点头晕……

身体没什么问题，多亏有宇航服的保护。

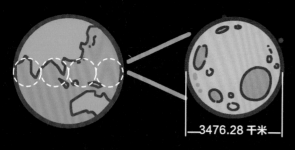

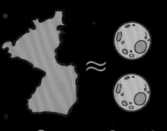

S 大西洋 ≈ S 月球 ×2

3476.28 千米

月球的直径约为 3476 千米，大概是地球直径的四分之一，月球的表面积差不多有半个大西洋那么大。

月球的大小

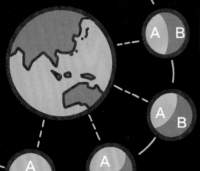

月之暗面

月球一直用正面朝向地球旋转，千百年来人们都看不到月球的背面。

月相变化

月亮自己不会发光，它只反射太阳光，当月球、地球和太阳三者的相对位置变化时，地球上看到的月球被照亮部分的形状也会变化，从而产生不同的月相。

月球的故事

下弦月

新月

满月

上弦月

- 分裂说 -
（月球是从地球分裂出去的）

- 同源说 -
（月球和地球是在同一个地方同时诞生）

- 俘获说 -
（月球来自其他地方，经过地球时被吸引）

- 撞击说 -
（月球是小行星撞击地球的产物）

月球的起源

每个环形山都用天文学家或者其他学者的名字来命名。

张衡环形山　祖冲之环形山　郭守敬环形山　伽利略环形山

环形山

月球表面遍布大大小小的环形山（月坑），它们大多是由陨石撞击而形成的。

月球车可以在月球表面行驶并完成月球探测、考察、收集和分析样品等复杂的任务。它采集到的资料能大大加深人类对月球的认识。

02 | 第二章
我在太空玩跳跃

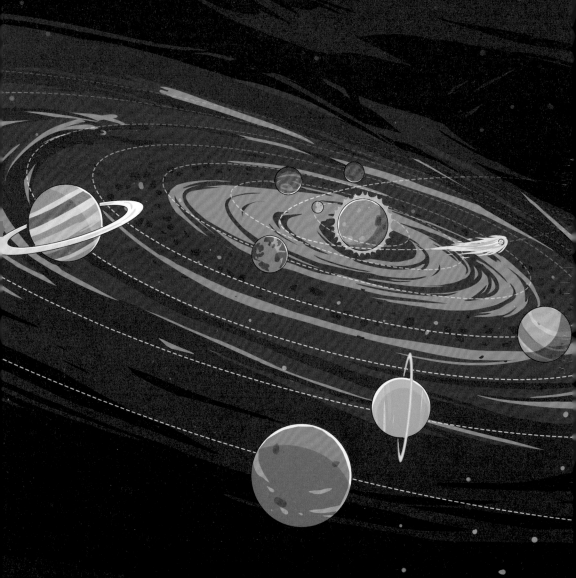

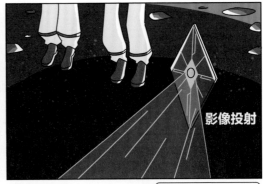

影像投射

太空：地球大气层外的空间区域，
也叫宇宙空间。

太空中一般没有重力，人在这里寸步难行。

如果不小心开始旋转，也很难停下来。

太空中常见的移动方式是喷气装置，只要有一点推力，就能够移动很远。

这里是超高度真空，没有空气，几乎可以称得上是空无一物。

太空的温度非常极端，有光照的地方，温度极高；没有光照的地方，则接近绝对零度。

除此之外，太空中还有各种宇宙射线。如果没有宇航服，地球人暴露在太空中可能活不过一分钟。

快速逼近

啊，躲不开了，救命啊！

对了！

樱桃博士，有一颗小型彗星的碎片正在向你们靠近，请立即撤离月球！

停下

那个谁，你是随着彗星出现的，我们应该从彗星上找线索！

太阳附近

恒星：由炽热气体组成，能自己发光的天体，
夜空中能看到的星星基本上都是恒星。

櫻桃姐姐还在月球上，我们是直接回地球还是去月球找她呢？

月球，属于卫星……

影像投射

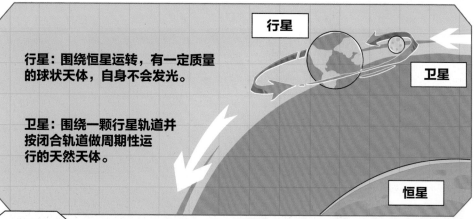

行星

卫星

恒星

行星：围绕恒星运转，有一定质量的球状天体，自身不会发光。

卫星：围绕一颗行星轨道并按闭合轨道做周期性运行的天然天体。

这都不是彗星，彗星在哪儿呀！

喂！等……

等……

你怎么又跳了！我要回地球啊啊啊！

空间跳跃

这个是……太阳系?!

太阳系:由太阳、行星及其卫星、小行星、彗星、流星体和行星际物质构成的天体系统。在太阳系中,太阳是中心天体,其他天体都在太阳的引力作用下绕太阳公转。

那里……那里有彗星！

外围这一圈是什么呀？

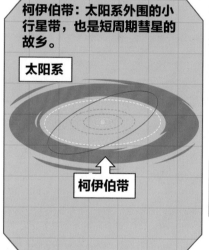

柯伊伯带：太阳系外围的小行星带，也是短周期彗星的故乡。

太阳系

柯伊伯带

彗星的故乡？

彗星？那我要跳过去看看！准备空间跳跃……

呜呜……又要跳了。

唉？

睁眼

我们还在这里？

连续跳太多次了，我好像跳不动了……

呼～呼

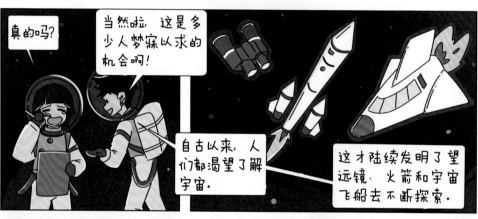

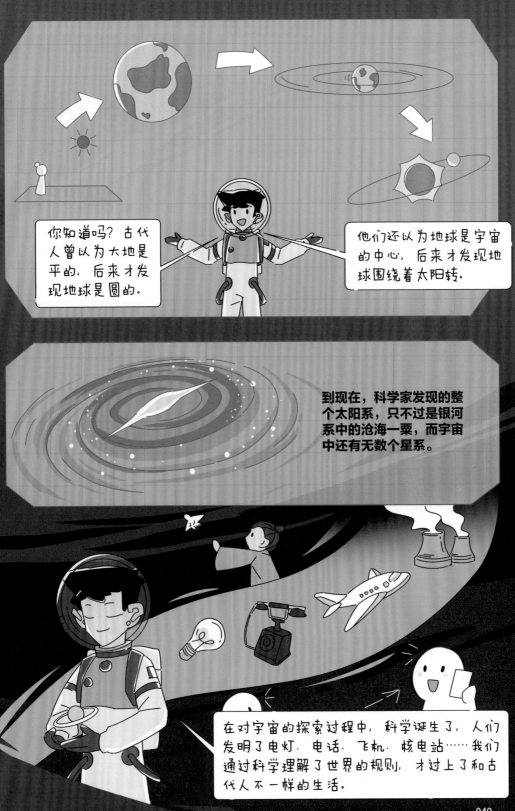

你知道吗？古代人曾以为大地是平的，后来才发现地球是圆的。

他们还以为地球是宇宙的中心，后来才发现地球围绕着太阳转。

到现在，科学家发现的整个太阳系，只不过是银河系中的沧海一粟，而宇宙中还有无数个星系。

在对宇宙的探索过程中，科学诞生了，人们发明了电灯、电话、飞机、核电站……我们通过科学理解了世界的规则，才过上了和古代人不一样的生活。

未完待续

钱学森

1911—2009

中国现代科学家，世界著名火箭专家，中国空气动力学家和系统科学家。他在中华人民共和国的"两弹一星"工程中扮演了重要角色，为我国的火箭、导弹和航天事业都做出过重大贡献。

科学家档案

2022.6

太阳系

太阳系是由太阳、八大行星和其他太阳系小天体组成的稳定天体系统。

太阳的质量占太阳系总质量的99.86%，其他天体都在太阳的引力作用下绕太阳公转。

小行星带

类地行星和类木行星的轨道之间为引力不稳定带，只能存在质量很小，但数量多达数百万的小行星的地带。

类地行星

体积小，密度大，岩石表面，卫星少或没有

金星

地球

火星

水星

木星

恒星

由自身引力维持，靠内部核聚变而发光的炽热气体组成的球状或类球状天体。

行星

围绕恒星运行，近球状，有一定质量，并能把轨道清空的天体。

小行星

沿近圆或椭圆轨道环绕太阳运行，没有彗星活动特征，体积和质量比行星小得多的固态小天体。

彗星

彗发

彗核

彗尾

彗星是原始太阳云的残余物，是绕太阳运行方向的随机、轨道扁长的小天体。彗星的固态部分是冰和不易熔解的物质（彗核），当靠近太阳时会蒸发出尘埃包层（彗发）和能够挥发的气体与尘埃（彗尾）。

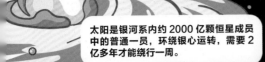

太阳是银河系内约 2000 亿颗恒星成员中的普通一员，环绕银心运转，需要 2 亿多年才能绕行一周。

柯伊伯带

在太阳系圆盘外围，海王星轨道以外分布着数以亿计的固态小天体，是短周期彗星的发源地。

类木行星

质量大，气态表面，卫星多，有环系

土星

天王星

海王星

卫星

天卫一

围绕一颗行星轨道并按闭合轨道做周期性运行的天然天体。

矮行星

冥王星

体积介于行星和小行星之间，围绕恒星运转，不能清空所在轨道上的其他天体。

03 | 第三章
太阳！近距离接触

科学之印上的 6 个分支代表我身体的 6 个部件，只要把它们全部点亮，我的身体就能被修复了。

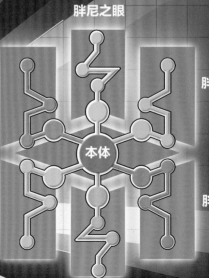

胖尼之眼

胖尼之翼

胖尼之尾

本体

胖尼之铃

胖尼之腹

胖尼之爪

我家的热水器好像就是太阳能的。

何止是热水器，人类所需的能量几乎都直接或间接来自太阳。

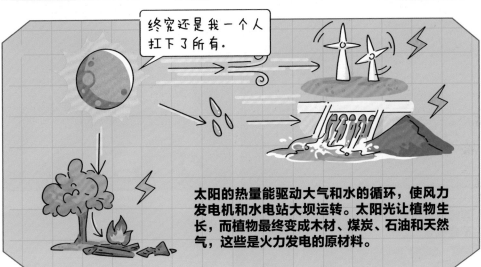

终究还是我一个人扛下了所有。

太阳的热量能驱动大气和水的循环，使风力发电机和水电站大坝运转。太阳光让植物生长，而植物最终变成木材、煤炭、石油和天然气，这些是火力发电的原材料。

原来太阳带给地球的不只有光明呀！

即使来到宇宙，我们也要依赖太阳能。

很多航天器都会用太阳能帆板来获取能量。

那就这么决定了！下一站，太阳，出发！

等等！别这么贸然靠近太阳啊！

嗖

啊！我的眼睛又要被亮瞎了！

哼哼，同样的错误我不会犯第二次！

看我用投影减弱阳光直射！

就像墨镜的效果？！

下次跳之前能不能让我做好心理准备？！

啥叫心理准备？

边补充能量边来查查太阳的资料吧。

你这投影真好用，又能遮光又能查资料！

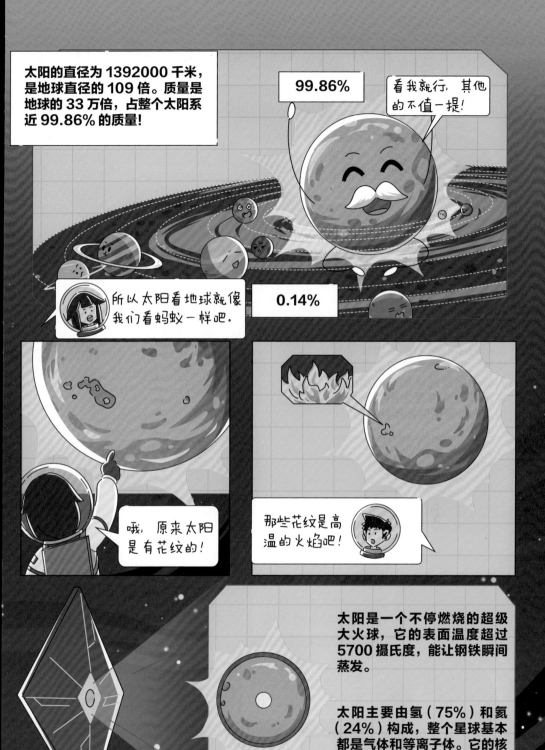

太阳的直径为 1392000 千米，是地球直径的 109 倍。质量是地球的 33 万倍，占整个太阳系近 99.86% 的质量！

99.86%

看我就行，其他的不值一提！

所以太阳看地球就像我们看蚂蚁一样吧。

0.14%

哦，原来太阳是有花纹的！

那些花纹是高温的火焰吧！

太阳是一个不停燃烧的超级大火球，它的表面温度超过 5700 摄氏度，能让钢铁瞬间蒸发。

太阳主要由氢（75%）和氦（24%）构成，整个星球基本都是气体和等离子体。它的核心温度高达 1500 万摄氏度。

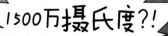

1500万摄氏度?!

开水 100 摄氏度就很危险了……

真不知道人在里面会怎么样?

相当于几百万颗原子弹同时在你身上炸开!

太阳的中心不断发生着核聚变反应,每秒钟所释放的能量比人类目前所创造的总能量还要多得多。这也是太阳能一直燃烧,向外界提供能量的原因。

那……如果把太阳放进水里,它会熄灭吗?

如果有人把太阳偷走,他岂不是就拥有了最可怕的武器?

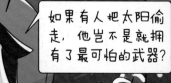

如果……

你这小孩儿哪来那么多问题?吵死了!

这个像耳朵一样的，应该就是日珥吧？

日珥是太阳边缘产生的发光气团，像太阳突然长出来的朱红色大耳朵，是太阳磁场剧烈活动的产物。

哇！米吴你知道好多太阳的知识呀！

咳咳，刚闲着没事看了些资料。太阳真的很重要，它的引力让整个太阳系能够稳定运转。没有太阳的话，地球早就飞到宇宙某个角落被撞得粉碎了。

抓紧我，小兄弟！

我们系这群小兄弟都指着我养活！

大哥好！

阿木

大哥好！

阳哥

阿火

阿海

阿金

大哥好！

阿地

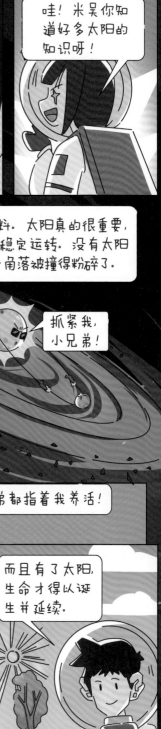

而且有了太阳，生命才得以诞生并延续。

靠近中心岂不是更热？

我是要救你！相信我，快往里跳！

唉，科学之印的命令无法违抗啊！

嗖

嗖

你想害死我吗？！

啊？！

这里的温度我可以承受！

日冕
100 万~200 万摄氏度

色球
4000~10000 摄氏度

对流层

光球
约 6000 摄氏度

辐射区

核心

你刚才处在日冕层，那里的温度比太阳表面要高得多！再往外跳你就直接升华了，跳到太阳内部反而能得救。

日冕是太阳最外围的大气，平均厚度约 200 万千米，温度最高可达 200 万摄氏度。

令人不可思议的是，靠近中心的光球层温度仅几千摄氏度。稍远些的色球层温度最高也只有几万摄氏度。

而距离太阳中心最远的日冕层，温度竟然高达百万摄氏度。科学家对此还未找到合理的解释。

嗖

我充能回来了！

米吴，科学之印又发光了！

啊！

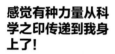
感觉有种力量从科学之印传递到我身上了！

我好像有点儿懂了！只要运用了科学知识，科学之印就会发光！

弹出！

科学家通过计算推测，太阳诞生于 46 亿年前，它的寿命约为 100 亿岁。

呼呼

呵呵

哎呀！

哇！太阳生气了，刮大风了！

太阳风：从太阳外层连续向外流动并加速到超声速的等离子体带电粒子流。

又被你这个乌鸦嘴说中了！

这是太阳风，是一种能量流，它的推力远远小于地球上的自然风。

5分钟后

根据这个原理设计出来的太阳帆，速度将比最先进的飞船还快好几倍，能让人们快速前往太阳系的边缘……

这时候就别科普了，快跳吧！

不是说推力小于自然风吗，怎么我们越飞越快了？

太空中……一点点的推力就能产生很大的作用。

未完待续

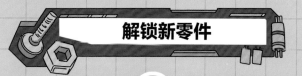

解锁新零件

科学之印的进度又增加了!

胖尼之眼·残缺版
——远视能力堪比天文望远镜

- 可快速大幅度变焦

- 画面可以通过胖尼直接投影

- 可以作为双筒望远镜,也可以拆分成两个单筒望远镜

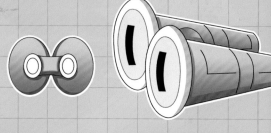

叶叔华

1927—

中国天文学家。1981 年任上海天文台台长，因此也成为中国第一个女天文台台长。20 世纪 50—70 年代，叶叔华建立并发展了中国综合世界时系统。1997 年，紫金山天文台把该台发现的小行星 3241 号命名为"叶叔华星"。

科学家档案

2022.6

伟大的太阳

太阳结构

据推算，太阳中心温度高达1600万摄氏度，这样的温度下所有物质都已气化，因此太阳实质上是一团炽热的高温气体球。

2500千米

500千米

0.25R

0.5R

（R = 太阳半径）

0.25R

温度和密度由内到外逐渐下降。

发射出强烈的可见光辐射，所以我们肉眼看到的就是太阳光球。

稀薄但温度更高而且延伸范围更大的气层，温度高达百万摄氏度。

日核

中层

对流层

光球

色球

日冕

太阳的产能区。不停地进行着核聚变反应，向外散发光和热。

存在热气团上升和冷气团下降的对流运动。

外缘参差不齐的气层，布满了针状体。

太阳活动

太阳黑子
光球上的旋涡，比周围背景暗黑的斑点状小区域。

日珥
突出于太阳边缘色球之上的奇形怪状的火焰状物质。

太阳耀斑
存在于色球和日冕的大气层中，偶尔发生巨大能量释放的太阳爆发现象。

太阳风
日冕物质向外膨胀形成高速带电粒子流，可延伸到太阳系边缘。

太阳的一生

① 主序星前阶段

太阳是由稀薄而庞大的原始星云演变而来的。星云在自身引力作用下收缩，中心区的密度和温度逐渐增大，最终形成一颗恒星。

（3000万年）

② 主序星阶段

太阳的青壮年时期，以氢燃烧为能源，由于氢含量很大，太阳已在这个阶段经历了46亿年。根据理论推算，太阳还将在这个阶段稳定地"生活"34亿年。

③ 红巨星阶段

日核中的氢耗尽之后，外层的氢开始燃烧，太阳随壳层上面的气体温度上升而大规模膨胀，变成了一颗巨大的暗红恒星。

（80亿年）

现在的太阳

（4亿年）

④ 氦燃烧阶段

当太阳中心氢耗尽之后又开始收缩。氦和其他元素开始燃烧，由于含量很少，这一时期会比较短暂。

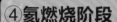

（0.5亿年）

⑤ 白矮星阶段

当氢和氦耗尽后太阳体积进一步缩小，成为一颗很小的高密度暗弱恒星。大约再过50亿年，它的剩余热量也扩散干净，最终会变成一颗不发光的恒星——黑矮星。

（50亿年）

太阳能是太阳内部高温核聚变反应所释放的辐射能，是一种清洁的、可持久供应的自然能源。

太阳能

太阳能集热器

收集局部范围内的太阳辐射能，并有效地将之转换为热能。

提高能量转换效率，延长使用寿命，降低设备造价，是太阳能利用技术的发展方向。

04 | 第四章
美丽而危险的星球

让我看看……资料说水星离太阳太近，大气层都被太阳吹走了。

水星大气非常稀薄

所以水星毫无保温性能，太阳一照就热，一走就凉……

人们一直认为水星是最不可能存在水的星球……

看什么看！老婆饼里有老婆吗？

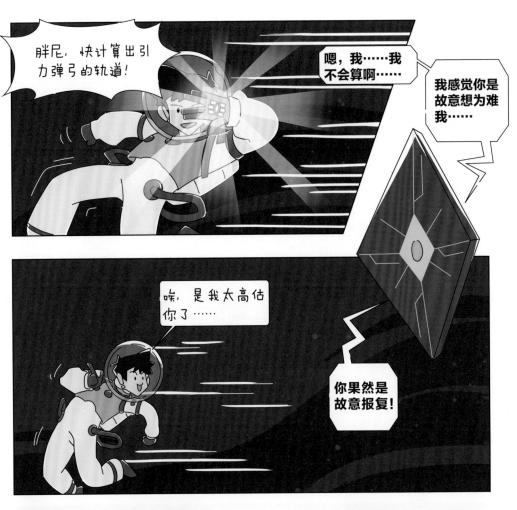

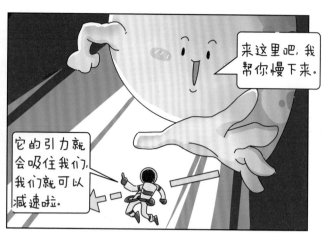

空中停住——

就是现在！
胖尼！空间再跳跃！

嗖——

唰———

好像坐跳楼机呀！可惜只掉了一下下。

哈哈，是……是蛮有趣的……

我的心脏刚才停了一下下……

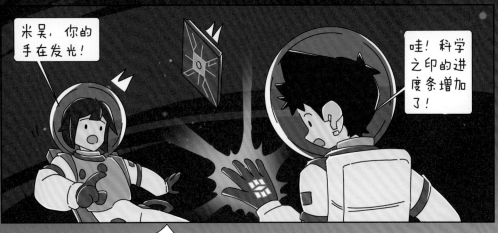

米吴，你的手在发光！

哇！科学之印的进度条增加了！

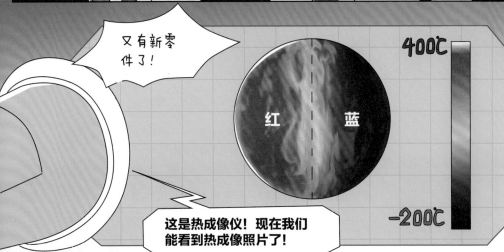

又有新零件了！

400℃

红　蓝

-200℃

这是热成像仪！现在我们能看到热成像照片了！

087

这个真好玩儿，我把它画下来！

哈哈哈！修复科学之印比想象的简单嘛！

走走走，继续朝柯伊伯带进发！

大作完成！

那下一站，我们去金星？

金星：离地球最近的行星，大小、重量和地球差不多，算是地球的姐妹星。

不行！姐姐只有我能叫！

别提了，每天拖着几十亿人转，压力好大。

地姐，近来可好？

金星：又名启明星。

不算太阳和月亮的话，它就是"夜空中最亮的星"。

哇！听起来就很棒！走走走！

别吵了，我们得快点离开！

不然恐怕要变成烤肉了……

烤肉是什么？好吃吗？

哇！这里足足有 500 摄氏度！比水星还热！

500℃

怎么会这样！

你说改造后的耳机能直接投影了？

嘀嘀

那些雨不是水，是硫酸！

那快跑啊！

米吴！？

没用的……

前面一样有酸雨呀……

就算没用，但总要做点什么！我才不要随便放弃！

行行行，我跑。

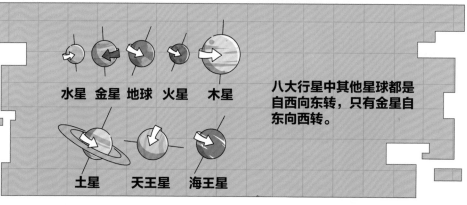

水星 金星 地球 火星 木星

土星 天王星 海王星

八大行星中其他星球都是自西向东转，只有金星自东向西转。

妹妹，我们各美其美！

也许几亿年前，它和地球一样是美丽的星球。

姐姐，我们美美与共！

多少人曾爱慕我年轻时的容颜……

但因为极端的温室效应变成了现在这样……

我们一定要好好保护地球，不能让它成为下一个金星！

唉？

米吴，你的科学之印又亮了！

科学之印的进度又增加了！

热成像仪

——利用红外热成像技术测温并转化成图像

- 远超探测距离
- "视线"不受烟雾、天气或强光干扰

摄像云台

——可以录下胖尼看过的所有东西，让它过目不忘

- 高清广角摄像
- 动态捕捉，又快又准
- 三周陀螺仪，稳如鸡头

水星

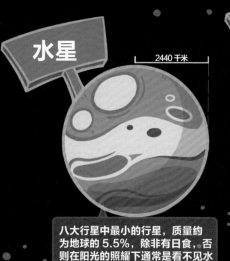

2440 千米

八大行星中最小的行星，质量约为地球的 5.5%，除非有日食，否则在阳光的照耀下通常是看不见水星的。

金星

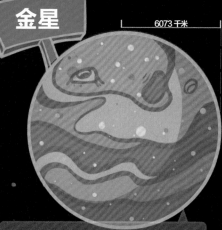

6073 千米

从地球上看，它是天空中最亮的行星。自转极慢，243 天才能自转一周。
金星大气密度极大，表面温度高达 462 摄氏度，是太阳系行星表面的最热点。

地

火星

3396 千米

科学家发现火星内部存在庞大的水资源。

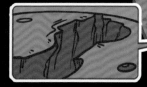

奥林帕斯山高达 21171 米，是太阳系已知的最高的山峰。

水手号峡谷是太阳系已知的最大最长的峡谷。

火星上随时可刮起扬尘高 60 千米的剧烈大尘暴。

火星质量约为地球的 11%，是从地球上看颜色最红的行星。近看火星表面为一片红黄色的荒芜之地，表面密布陨石坑、火山与峡谷。

八大行星

71492 千米

木星

太阳系中体积最大的行星，质量约为地球的 318 倍。八大行星中自转最快，最短周期为 9 时 50 分 30 秒。表面有木星 3 斑，卫星众多。

2575 千米

土卫六
（泰坦星）

土卫六是土星最大也是太阳系第二大的卫星，是太阳系唯一拥有浓厚大气层的卫星。由于有丰富的有机化合物和氮等元素，因此被怀疑有生命体的存在。

60268 千米

土星

土星有结构复杂的土星环，而土星环是无数个小卫星在土星赤道面上绕土星旋转的物质系统。它们外包一层冰壳，由于太阳光的照射，形成了动人的明亮光环。

土星质量约为地球的 95 倍，由于自转速度快，沿赤道带能看见条带状云系。

24778 千米

海王星

大气

分子氢层

冰层

岩核

海王星有着太阳系最强烈的风暴，风速高达每小时 2100 千米。

25559 千米

天王星

表面温度最低达 −224 摄氏度，是太阳系内大气层最冷的行星。

质量约为地球的 17 倍。
八大行星中离我们最远，亮度低，只有在望远镜里才能看到。

迄今只有旅行者 2 号探测器在 1989 年飞掠过海王星。

质量约为地球的 15 倍，有 27 颗已知的卫星。天王星是第一颗用望远镜发现的大行星，公转一周需要约 84 年。

05 | 第五章
来自黑洞的信号

111

你们不害怕吗？

连一次冒险都没有的人生是很无聊的.

就是呀，我就不信还有比金星更可怕的地方！

你乌鸦说突点怕
这嘴，然儿了
一我有害……

好啦，别这样嘛！

我也是……

出发吧！接下来去哪儿？

为什么？

要继续前进，就必须先去木星。

因为……

木星：

太阳系内体积
和质量最大的
行星。

11 个地球手拉手才和它一样宽，它足以装下 1300 个地球。

同时它是太阳系中自转最快的
行星，转一圈只需 10 个小时。

原来是个灵活
的胖子呀！

木卫三：

太阳系最大的卫星，直径比水星更大。

木卫三的表面是厚厚的冰层，科学家推测下方存在太阳系最大的液态海洋。

它的水含量比地球所有海洋加起来还多一倍。

其环境类似地球上一种叫深海热泉的极端环境，有存在生命的可能。

这下面有水和生命?!

米吴！米吴！

木星上的那些条纹是什么？

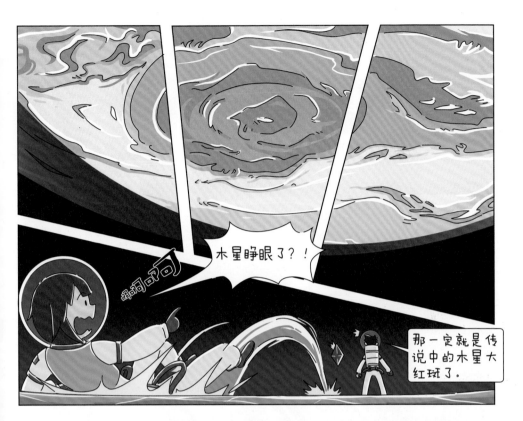

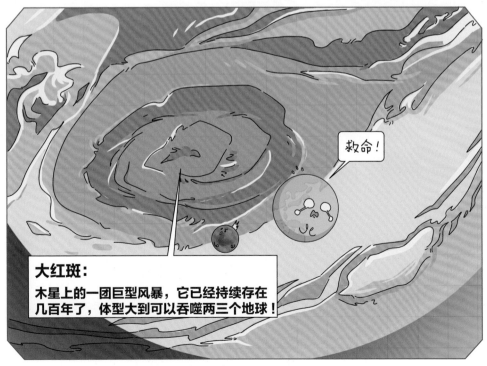

大红斑：
木星上的一团巨型风暴，它已经持续存在几百年了，体型大到可以吞噬两三个地球！

空间跳跃

超新星爆发！

超新星爆发：
某些恒星在演化末期经历的一种剧烈爆炸，也被称为恒星之死。

啊？会爆炸？

爆炸应该已经结束了。

但是爆炸的能量还残留在空间中，

可以将整个星系点亮几个月甚至几年。

这能量太惊人了……比太阳一辈子发出的能量加起来还要多！

你们看，闪烁的星星在那里！

信号就是从那里发出来的！

那就是超新星爆发产生的中子星……

中子星：
恒星演化的一种晚期形态，密度极大。

吸积盘

中子星的自转速度极快，可能高达每秒上千次。中子星旋转过程中会发出脉冲信号，也被称为脉冲星。

这就是……

结局吗……

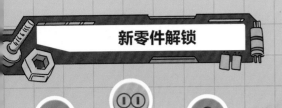

新零件解锁

科学之印的进度
又增加了！

放大显微镜

——可以当放大镜，也可以当显微镜用

- 自动调焦
- 智能防抖
- 自带光源
- 可通过胖尼投影图像
- 可收缩放入胖尼之眼中

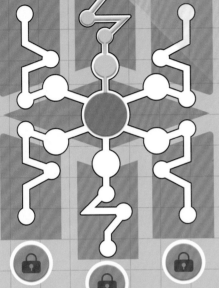

银河系

我们的地球是太阳的第三大行星，而太阳只是银河系 2000 多亿颗恒星中的普通一员。

本星系群

银河系在本星系群的 50 多个里大小排第二。

广袤无垠的宇宙有许多的谜有待我们探索。

1. 宇宙起源之谜

120 亿~140 亿年

10 亿年

1000 万年

100 万年

黑暗年代

第一代恒星

第一代超新星和黑洞

原星系的拼合

现代的星系

现在普遍认为宇宙起源于一次大爆炸。约 137 亿年前，一个致密且炽热的点发生爆炸后迅速膨胀，然后逐渐扩大冷却，一步步演变成今天的宇宙。

无尽的宇宙

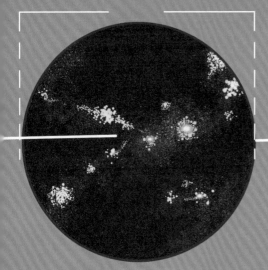

室女座超星系团

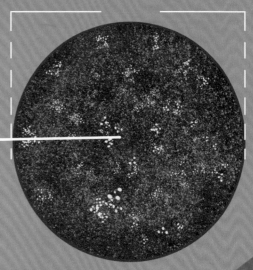

可观测宇宙

本星系群和其他百余个星系群处在室女座超星系团里。

宇宙中估计有几百万个超星系团。

2. 两暗之谜

暗能量：望远镜观测到远处的星星都在离我们远去，而且越远的星星离去的速度越快，这说明宇宙是在加速膨胀的。科学家推测这是一种我们看不见的暗能量在推动的。

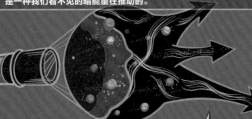

宇宙近 70% 的能量都是暗能量。

暗物质：科学家还推测宇宙中有一种看不见的暗物质，其质量远大于宇宙中全部可见天体的质量总和。暗物质完全不发光，也不吸收或反射光，现有的仪器看不到，它的实质是什么目前还不清楚。

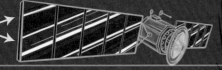

暗物质毁灭能产生巨大能量，只要硬币大小就能把宇宙飞船送入太空，未来人类也许可以乘坐暗物质飞船进行星际旅行。

3. 黑洞之谜

恒星的质量如果足够大，它死亡的时候就会由于自身引力不断向内塌陷，最后收缩成一个质量无限大、体积无限小的点——黑洞。

凡是路过它的物质都会被吸进里面，像被吃掉一样，所以才叫它黑洞。

黑洞有一个边界叫"视界"，是我们能够看到的黑洞边缘，边界里面光都没有办法出来，所以也不知道里面究竟有什么。

所有物理规律在黑洞里都不能应用，有科学家猜测，如果从黑洞里往外看，宇宙会以光速向未来运行，可能一秒钟就能看到宇宙时间的尽头。